지난 100년 동안 과학이 눈부시게 발전하면서
이 세상은 몰라볼 정도로 달라졌습니다.
여러분이 어른이 되면 세상은 더 많이 달라질 것입니다.
과연 어떤 미래가 펼쳐질까요?

나의 첫 과학책 20

미래는 어떤 모습일까?
미래 과학

박병철 글 | 오승만 그림

휴먼
어린이

100년 전만 해도 우리나라에는 전기가 들어오는 곳이 별로 없었습니다.
또 대부분의 사람은 태어나서 죽을 때까지 자기가 살던 동네를 벗어나는 일도 없었지요.
더욱 놀라운 건 사람의 수명이 40살을 넘기기 어려웠다는 것입니다.
그래서 누군가가 60살이 되면 하늘이 보살핀 덕분에 오래 살았다며
온 집안 친척들이 모여서 커다란 잔치를 벌이곤 했답니다.

하지만 지금은 전기로 작동하는 물건이 넘쳐 나고,
공항은 해외여행을 떠나는 사람들로
발 디딜 틈이 없습니다.
사람의 수명도 100살에 가까워졌지요.
겨우 100년 사이에 세상이 참 많이 변했습니다.
그런데 달라진 것들을 자세히 들여다보면
한 가지 특별한 공통점이 있습니다.
과연 무엇일까요? 책장을 넘기기 전에
한번 생각해 보세요.

텔레비전, 컴퓨터, 스마트폰 등은 전자기학*에서 태어났고,
기차와 자동차, 배, 비행기 같은 탈것은 공학*에서 태어났습니다.
사람의 수명이 길어진 건 의학 덕분이지요.
그러니까 지난 100년 동안 세상이 이토록 살기 좋아진 것은
이들을 모두 합친 **과학**이 눈부시게 발달했기 때문입니다.
물론 과학은 수천 년 전에도 있었지만, 사람들이 과학을
중요하게 생각한 것은 아주 최근의 일이었습니다.

● **전자기학** 전기와 자기를 연구하는 과학 분야.
● **공학** 자원을 편리하게 이용하기 위해 과학적 원리를 연구하는 분야.

이제 모든 사람이 과학의 힘을 알고 있으니
앞으로 세상은 이전보다 더욱 빠르게 변할 것입니다.
과학자들은 지난 100년 사이에 일어났던 것보다
훨씬 큰 변화가 앞으로 20~30년 안에
일어날 것이라고 말합니다.
여러분이 어른이 되면 세상은 어떻게 변해 있을까요?
자, 지금부터 상상 속의 타임머신을 타고
과학자들이 말하는 미래의 세상으로 날아가 봅시다.

미래의 **컴퓨터**는 어떤 모습일까요? 컴퓨터에서 가장 중요한 부품은 수많은 트랜지스터가 새겨진 '칩'입니다.
그동안 컴퓨터가 점점 작아진 것은 칩의 크기가 작아졌기 때문이지요.
그런데 칩의 크기가 더 작아지면 컴퓨터는 아예 눈에 보이지 않고,
여러분이 사용하는 모든 물건 속으로 스며들 것입니다.

예를 들어, 마트에서 파는 과일 포장지에 작은 칩이 들어 있어서
스마트폰을 갖다 대기만 하면 생산지와 가격뿐만 아니라
그 과일을 먹어 본 사람들의 평가까지 확인할 수 있게 될 것입니다.

당연히 한쪽 구석에는 텔레비전 화면도 있겠지요.
친구와 대화하고 싶을 땐 벽에 대화창을 띄우고,
궁금한 게 생기면 화면에 척척박사를 불러내
무엇이건 물어볼 수 있습니다.

방이 좁아서 화면이 작다고요? 걱정할 것 없습니다.
이럴 때 인터넷에 연결된 안경이나 콘택트렌즈를 끼면
눈에 보이는 모든 것이 거대한 컴퓨터 화면이 됩니다.
그냥 내가 인터넷 세상 안으로 들어가는 거지요.
바닷가 풍경을 감상하다가 눈만 깜박이면 친구와 대화할 수 있고,
마음에 드는 풍경을 바로 블로그에 올릴 수도 있습니다.

아빠가 인터넷 안경을 끼고 마트에 가면 집에 있는 엄마가
화면을 보면서 싱싱한 야채를 고를 수도 있지요.
잠깐, 렌즈에 칩을 심으면 눈앞이 가려서 불편하지 않을까요?
아닙니다. 지금 개발 중인 인터넷 안경과 콘택트렌즈는
부품이 투명해서 눈에 써도 앞을 가리지 않는답니다.
요즘 많은 사람들이 스마트폰을 늘 손에 쥐고 사는데,
미래에는 모든 사람들이 안경이나 렌즈를 끼고 다닐 것 같네요.

실례합니다.
도움이 필요해서요.

그렇다면 '생각하는 컴퓨터'인 **인공 지능**은 어디까지 발전할 수 있을까요?
이 분야는 과학자마다 하는 말이 달라서 예측하기가 어렵습니다.
인공 지능 과학자들의 가장 큰 목표는
'사람과 비슷한 기계'를 만드는 것입니다.
겉모습만 비슷한 게 아니라, 슬픔이나 기쁨 같은 감정도 느끼는
정말로 사람 같은 로봇을 만들려는 것이지요.

어떤 과학자는 "로봇은 절대로 감정을 느낄 수 없다!"라고 주장합니다.
로봇이 아무리 똑똑해도 결국 그 속은 컴퓨터로 되어 있고,
컴퓨터는 계산밖에 할 줄 모르는 기계이기 때문입니다.
글쎄요, 과연 그럴까요? 한 가지 예를 들어 봅시다.
한 과학자가 배터리로 움직이는 로봇을 만들었는데,
이 로봇은 배터리가 다 떨어져 갈 때 이렇게 작동합니다.

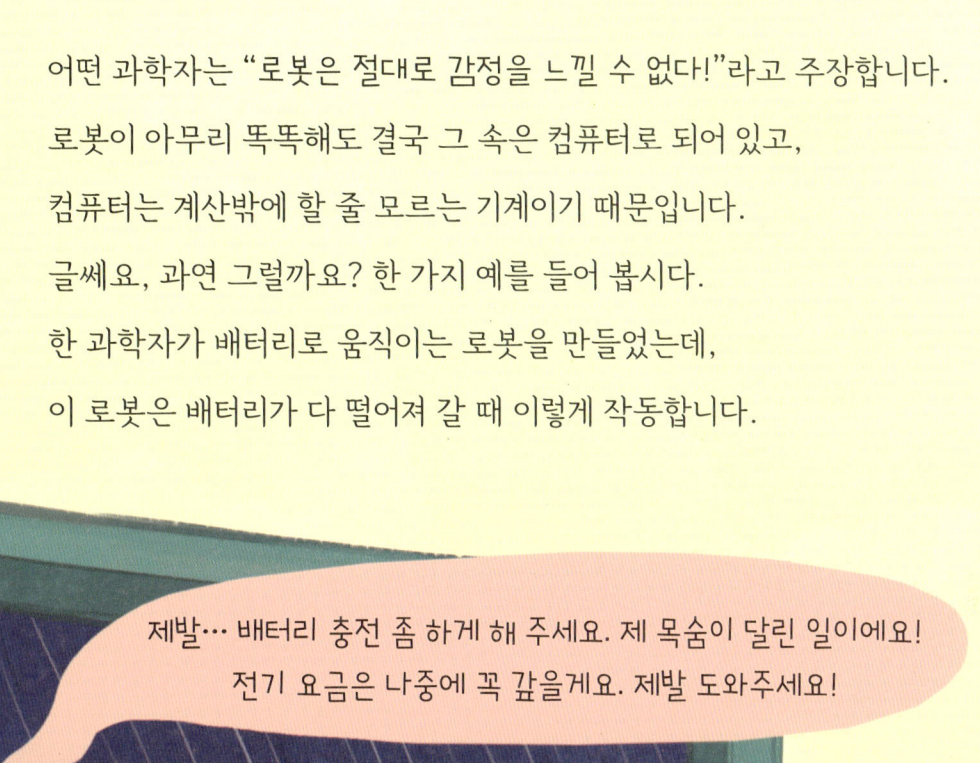

제발… 배터리 충전 좀 하게 해 주세요. 제 목숨이 달린 일이에요!
전기 요금은 나중에 꼭 갚을게요. 제발 도와주세요!

여러분은 이런 로봇을 매정하게 내쫓을 수 있나요?

아빠, 불쌍하다!

사람처럼 감정을 **느끼는** 로봇은 만들기 어렵지만
앞의 경우처럼 감정을 **흉내 내는** 로봇은 얼마든지 만들 수 있습니다.
이런 로봇을 강아지 모양으로 만들면 어떨까요?
주인이 집으로 돌아오면 멍멍 짖으면서 반겨 주고,
막대기를 던지면 재빨리 달려가서 물어 옵니다.
머리를 쓰다듬으면 품 안으로 파고들기도 하지요.

이런 강아지 로봇은 앞으로 10년 안에 나올 것입니다.
게다가 로봇은 병에 걸리지 않고 늙지도 않기 때문에
한번 데려오면 평생 함께 살 수 있습니다.
재주넘기 같은 새로운 기능을 추가하고 싶을 땐
인터넷에 연결해서 다운로드받으면 됩니다.
진짜 강아지들이 이 사실을 알면 걱정이 많아지겠네요.

그렇다면 미래의 로봇은 사람과 얼마나 비슷해질 수 있을까요?
다양한 집안일을 모두 해내는 로봇은 당분간 만들기 어렵지만
요리를 하거나, 악기를 연주하거나, 그림을 그리는 등
한 가지 일만 잘하는 로봇은 빠르게 발전하는 중입니다.
게다가 이들은 사람보다 솜씨가 좋으면서 지치지도 않기 때문에
미래에는 식당이나 공연장에서 로봇을 쉽게 볼 수 있을 겁니다.

그러나 요리사 로봇은 음식의 맛을 알 수 없고 연주하는 로봇은 작곡을 할 수 없으며 화가 로봇은 상상화를 그릴 수 없습니다. 이런 일까지 척척 해내는 인공 지능 로봇이 등장하려면 적어도 50~100년은 기다려야 합니다. 당분간은 로봇이 구운 피자를 먹으면서 로봇이 연주하는 음악을 듣는 것으로 만족해야겠네요.

맛있게 드세요.

피자는 로봇 요리사가 만든 게 맛있어.

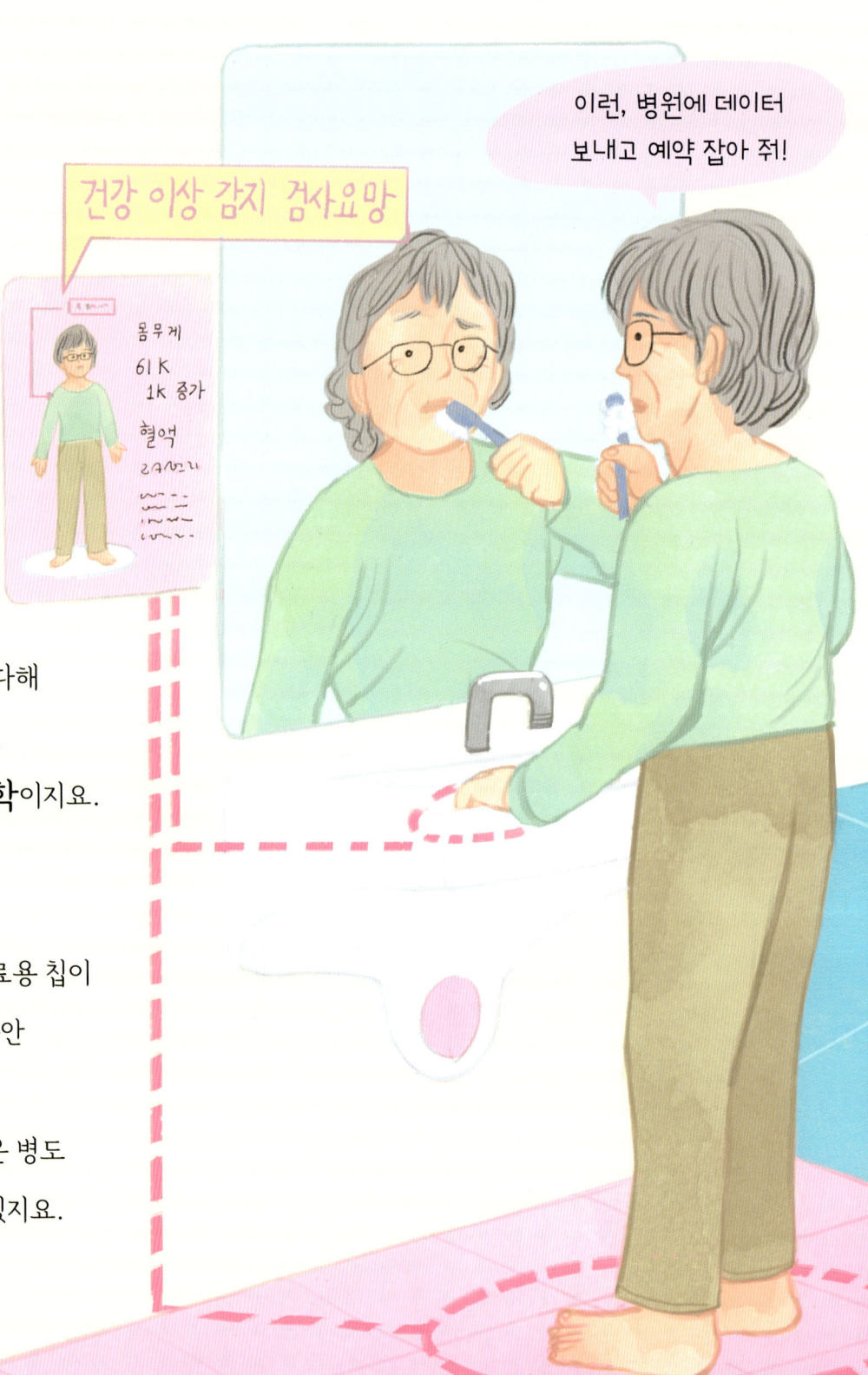

하지만 하루라도 빨리, 최선을 다해
개발해야 하는 기술이 있습니다.
바로 사람의 생명을 구하는 **의학**이지요.
여기서도 아주 작은 컴퓨터 칩이
중요한 역할을 합니다.
미래에는 집 안 욕실 곳곳에 의료용 칩이
설치되어 있어서 샤워를 하는 동안
몸의 상태를 확인하고 결과를
알려 줄 것입니다. 암처럼 무서운 병도
일찍 발견해서 쉽게 치료할 수 있지요.

물론 몸이 아프면 병원에 가야 합니다. 그런데 병원에 가도 사람이 아닌 로봇 간호사가 환자를 맞이합니다. 이들은 의사처럼 복잡한 수술은 할 수 없지만, 환자에게 약을 먹이고 엑스레이 사진도 찍을 수 있습니다. 그리고 의사는 로봇 간호사의 몸에 달린 카메라를 통해 환자의 상태를 보고 진단을 내립니다. 의사가 부족한 곳에서는 정말로 고마운 기술이 되겠지요.

환자 중에는 장기*에 병이 생긴 사람이 많이 있습니다.
병이 심하면 건강한 장기로 바꿔야 하는데,
이게 쉬운 일이 아닙니다. 다른 사람의 장기를 구하기도 어렵고,
구했다 해도 많은 환자를 살리기에는 턱없이 부족하지요.
하지만 미래에는 필요한 장기를 인공적으로 만들어서
누구나 아픈 장기를 새것으로 바꿀 수 있게 될 것입니다.

● **장기**   심장, 허파, 간 등 사람의 몸속에 들어 있는 여러 기관.

예를 들어, 간이 안 좋은 환자의 몸에서
세포 몇 개를 떼어 내서 간 모양으로 만든 틀에 집어넣고
영양분을 공급하면 세포가 부지런히 분열하면서
건강한 간이 만들어집니다.
이 간은 환자 자신의 세포로 만들었기 때문에 몸에 금방 적응합니다.
지금은 피부와 혈관, 코와 귀를 만드는 정도지만
수십 년 후에는 우리 몸에 있는 모든 장기를 만들 수 있다고 합니다.
노벨상을 받은 월터 길버트 박사가 한 말이니, 한번 믿어 볼까요?

무엇이건 작게 만드는 **나노 기술**도 의학에서 중요한 역할을 합니다.
예나 지금이나 사람에게 가장 위험한 병은 암인데,
암을 치료하는 항암제는 암세포뿐만 아니라 멀쩡한 세포까지
죽이기 때문에 환자는 온갖 부작용˚으로 고통을 겪습니다.
게다가 완전히 치료되지 않을 수도 있지요.
하지만 나노 기술로 만든 나노 입자에 약을 담아서
몸에 주사하면 똑똑한 나노 입자가
암세포만 골라서 공격합니다.

● **부작용** 원래 목적과 다른 안 좋은 효과가 함께 일어나는 것.

이것은 결코 꿈같은 이야기가 아닙니다.
과학자들은 이미 암을 치료하는 나노 입자를 만들어서
몇 종류의 암을 치료하는 데 성공했습니다.
게다가 여기에 특별한 염색약으로 색을 입히면
나노 입자가 암세포를 골라서 죽이는 과정을 직접 볼 수도 있습니다.
미래에는 의사가 암 환자에게 나노 입자를 주사한 후
모니터를 보면서 이렇게 소리칠지도 모르겠네요.

걘 우리 편이야. 그 옆에 암세포를 공격해야지!
그래, 바로 거기야! 잘한다, 나노팀 파이팅!

파이팅!

세상을 움직이는 힘은 **에너지**입니다.

에너지가 있어야 공장에서 물건을 만들 수 있고,

냉장고와 세탁기 등 전기로 작동하는 가전제품을 쓸 수 있지요.

또 자동차와 비행기는 물론이고, 인터넷도 에너지가 없으면 당장 먹통이 됩니다.

지난 수백 년 동안 에너지를 만드는 연료는 주로 석탄과 석유였는데,

발전소에서 석탄을 태울 때 생긴 이산화 탄소가 지구를 담요처럼 덮어서

지구 전체의 온도가 조금씩 높아지고 있지요.

이것이 바로 악명 높은 **지구 온난화** 현상입니다.

특히 자동차는 연료를 다 태우지 못하고 내뱉는 매연 때문에
환경을 오염시키는 원인으로 떠올랐습니다.
그래서 새로 나온 것이 요즘 유행하는 전기 자동차입니다.
석유 대신 전기 배터리로 바퀴를 굴리면 매연이 나오지 않으니까요.
하지만 이것으로 지구 온난화까지 막을 수는 없습니다.
자동차가 계속 움직이려면 배터리를 충전해야 하는데,
이때 필요한 전기는 발전소에서 배달된 것입니다.
그리고 발전소는 여전히 석탄을 태워 전기를 만들고 있지요.

이 문제를 근본적으로 해결하려면
석탄이나 석유 대신 다른 방법으로 에너지를 만들어야 합니다.
흔히 알려진 후보로는 풍력 발전, 원자력 발전, 태양열 발전 등이 있는데
각자 장점과 단점이 있어서 하나로 결정하기가 쉽지 않습니다.
이들보다 덜 알려졌지만 미래에 더 크게 주목받을
특별한 발전소 하나를 여기 소개합니다.
바로 우주에서 태양 에너지를 모으는 **우주 태양광 발전**이지요.

뭐니 뭐니 해도 가장 강력한 에너지 공장은 태양입니다.
그런데 태양 에너지가 우주 공간을 가로질러
지구에 도착하면 공기층에 반사되거나 흡수되면서
에너지의 양이 크게 줄어듭니다. 이럴 때 공기층보다 높은 곳으로
인공위성을 띄워서 태양 에너지를 모았다가
강력한 광선으로 바꿔서 지구로 쏘아 보내면
그 에너지로 전기를 만들 수 있습니다.
지금 당장은 돈이 너무 많이 들어서
다들 망설이고 있지만, 석탄과 석유가 바닥나면
결국 우주 태양광 발전의 시대가 올 것입니다.

인간은 1960~1970년대에 무려 여섯 번이나 달에 갔다 왔습니다.
그런데 엄청난 돈을 들였는데도 건진 것이 너무 없어서
그 후로 50년 동안은 지구에 가까운 인공위성 궤도만 오락가락했지요.
그 대신 여러분이 어른이 되면 누구나 가까운 우주에 갈 수 있는
우주 관광이 큰 인기를 끌게 될 것입니다.
물론 먼 우주로 나가는 것은 아니고,
대기권이 끝나는 높이까지 갔다가 되돌아오는 거지요.

관광객을 태운 우주선이 지구에서 발사되어 하늘 높이 솟구칩니다.
얼마 후 우주선은 방향을 바꿔서 지구 표면을 따라 돌기 시작합니다.
창밖으로는 지구의 둥그런 모습이 극장 화면처럼 펼쳐집니다.
정말 숨이 막힐 정도로 아름다운 풍경이지요.
문제는 우주선 왕복 요금이 너무 비싸다는 것인데,
우주 관광을 개발하는 회사들이 비용을 낮추기 위해 노력하고 있으니까
앞으로 20~30년 후에는 해외여행을 가듯 우주로 나갈 수 있을 겁니다.

사실, 우주로 나갈 때마다 로켓을 발사하는 건 비용이 너무 많이 듭니다.
건물 옥상으로 올라갈 때마다 비행기를 타는 것과 마찬가지지요.
그렇다면 우주에도 건물처럼 엘리베이터를 설치하면 어떨까요?
아주 좋은 생각입니다. 지금의 기술로도 가능합니다.
높이가 3만 6000킬로미터인 곳에 엘리베이터 정류장을 띄워 놓고
그 아래로 줄을 길게 늘어뜨려서 지구에 닿게 하면
이 줄을 타고 사람이나 물건을 우주로 올려 보낼 수 있습니다.
줄은 강철보다 180배나 강한 '탄소 나노 튜브'라는 새로운 재료를 쓰면 되고
올라가는 힘은 전기 에너지를 사용하면 됩니다.

꼭대기에 있는 엘리베이터 정류장이 지구로 떨어질 것 같나고요?
아닙니다. 이 정류장은 지구와 같은 속도로 돌고 있기 때문에
중력과 원심력*이 비겨서 절대로 떨어지지 않습니다.
게다가 우주 엘리베이터로 화물을 운반하는 데 들어가는 비용은
로켓으로 운반하는 비용보다 훨씬 저렴합니다.
지금 과학자들이 열심히 연구하고 있으니까
앞으로 15~20년 후에는 그 웅장한 모습을 드러낼 것입니다.

● **원심력** 원을 그리며 이동하는 물체가 원의 바깥으로 나아가려는 힘.

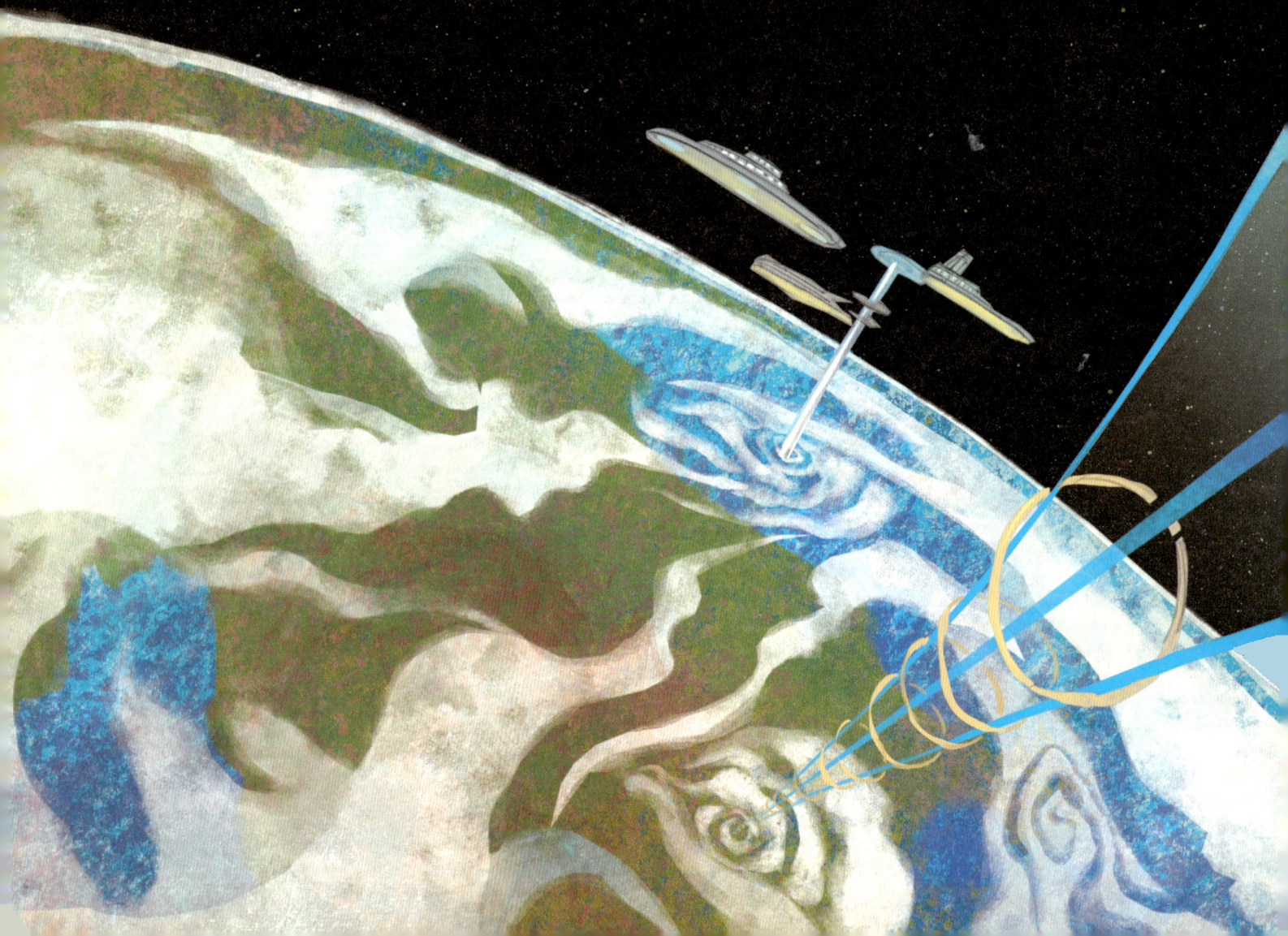

지구에 인간이 처음 등장한 후로 수십만 년 동안
사람들은 남의 땅을 빼앗고, 자기 땅을 지키기 위해 참 많이도 싸웠습니다.
실제로 역사책을 보면 거의 절반이 전쟁 이야기입니다.
그래서 옛날에는 전쟁을 잘하는 나라가 강한 나라였고
전쟁을 승리로 이끈 왕이나 장군은 영웅이 되었습니다.

그러나 사람들이 과학의 중요성을 깨달은 후로는 과학을 중요하게 생각한 나라가 강한 나라가 되었고, 새로운 과학 지식을 알아낸 과학자들이 영웅으로 떠올랐습니다. 이 사실은 여러분이 어른이 된 미래에도 변하지 않을 겁니다. 게다가 과학을 올바르게 사용하면 온 세상 사람들의 삶을 풍요롭게 만들 수 있습니다. 전쟁으로는 절대 이룰 수 없는 일이지요.

세상은 지난 100년 사이에 참 많이 달라졌습니다.
물론 시간이 흘러서 자연히 달라진 게 아니라
수많은 과학자들이 그만큼 노력한 덕분이었습니다.
여러분이 어른이 되면 어린 시절을 떠올리며
"와, 정말 많이 달라졌구나!" 하면서 또다시 감탄할 것입니다.

변하는 세상에 빠르게 적응하는 것도 중요하지만,
더욱 중요한 것은 그 변화를 올바른 방향으로 이끄는 것입니다.
이 일을 해야 할 사람은 그 누구도 아닌 바로 여러분입니다.
여러분이 과학의 목적을 이해하고 과학을 중요하게 여긴다면
이 책에서 이야기한 미래는 모두 이루어질 것입니다.
여러분이 주인공으로 활약할 수 있는 멋진 무대가 주어졌으니,
그에 못지않게 멋진 목표를 세우고
마음껏 꿈을 향해 나아가기 바랍니다.

🔎 나의 첫 과학 클릭!

시간 여행과 공간 이동

시간은 누구에게나 공평하지만, 인정사정 봐주지 않습니다.

한번 지나간 과거는 절대로 돌이킬 수 없고, 미래가 아무리 궁금해도

미리 볼 수 없습니다. 그래서 우리는 돌이킬 수 없는 잘못을 저지르지 않도록

항상 조심해야 하고, 자신이 원하는 미래를 만들려면 끊임없이 노력해야 합니다.

그런데 과학이 충분히 발달하면 시간에 얽매이지 않고

과거나 미래를 마음대로 오갈 수 있지 않을까요? 네, 이론적으로 가능하긴 합니다.

예를 들어, 거의 빛의 속도로 달리는 우주선을 타고 4년 동안 날아가서

제일 가까운 별에 도착했을 때, 우주선 조종사가 느끼는 시간은 1분밖에 되지 않습니다.

지구에서 4년이 흐르는 동안 우주선 안에서는 겨우 1분밖에 흐르지 않았으니까,

조종사는 4년이라는 시간만큼 미래로 간 셈입니다. 이 정도로는 성에 차지 않는다고요?

그렇다면 웜홀(wormhole)을 이용한 타임머신을 추천합니다.

웜홀은 시공간의 두 지점을 연결하는 통로인데, 한쪽 끝에서 우주선을 타고

웜홀을 통과하면 다른 시간, 다른 장소로 나오게 됩니다.

영화 〈인터스텔라〉에서도 웜홀을 이용하여 다른 세상으로 가는 장면이 나오지요.

하지만 웜홀은 중력이 엄청나게 강한 곳에서만 만들어지기 때문에

끔찍한 사고 없이 무사히 통과한다는 보장은 어디에도 없습니다.

아무래도 시간 여행은 당분간 어려울 것 같네요.

시간 여행이 어렵다면 공간 여행은 어떨까요? 한 장소에서 멀리 떨어진 장소로
순식간에 이동하는 것을 '공간 이동'이라고 합니다.
서울에 있는 사람이 눈 깜짝할 사이에 미국에 사는 친구에게 갈 수 있다면
정말 좋겠지요? 놀랍게도 이 기술은 이미 개발되어 있답니다.
그 원리는 사람이나 물건을 직접 옮기는 것이 아니라,
멀리 떨어진 곳에 원본과 똑같은 '복사본'을 만드는 것이지요.
지금은 원자나 분자 한두 개를 옮기는 수준이지만 앞으로 수십 년이 지나면
작은 물건을 옮길 수 있을 것이고, 과학이 더 발전하면 언젠가는 사람을
옮길 수도 있을 것입니다. 그런데 나를 본떠서 만든 복사본이 정말로
나와 똑같은 사람인지 살짝 걱정되긴 하네요.

1985년 영화 〈백 투 더 퓨처〉에 등장하는 타임머신

웜홀 여행 상상도

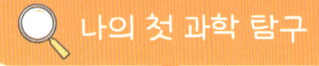
나의 첫 과학 탐구

미래에는 외계인을 만날 수 있을까?

태양계 바깥에 있는 외계 행성에 우리와 비슷한 생명체가 살고 있을까요?
태양계 안에서는 지구 외에 생명체가 없는 것이 거의 확실하지만,
우주는 워낙 넓기 때문에 장담할 수 없습니다.
은하수 안에만 수천억 개의 행성이 널려 있는데, 이 많은 행성들 중
생명체가 사는 곳이 지구뿐이라면 그게 더 이상하지요.
1961년에 미국의 물리학자 프랭크 드레이크는 우주에 생명체가 존재할 가능성을
수학적으로 계산했는데, 은하수 안에서 생명체가 사는 행성이 100개에서
10만 개 사이라는 놀라운 결과가 나왔습니다.
그런데 우리는 왜 외계인을 만날 수 없는 걸까요? 외계인이 존재한다 해도,
그들이 사는 행성이 지구와 너무 멀리 떨어져 있으면 만나기 어렵습니다.
지금까지 발견된 외계 행성 중 지구와 가장 가까운 것도 무려 4광년(약 40조 킬로미터)이나
떨어져 있지요. 지금 수준의 로켓을 타고 날아간다면 10만 년이 넘게 걸립니다.
과학자들은 우주선의 속도를 높이기 위해 다양한 연료를 개발하고 있지만,
속도가 지금보다 100배 빨라진다 해도 가장 가까운 외계 행성까지 가는 데

천 년 가까이 걸리므로 소용이 없습니다.
아무래도 가까운 미래에는 외계 행성에 갈 수 없을 것 같네요.
그렇다고 만날 가능성이 전혀 없는 것은 아닙니다.
외계인이 지구를 찾아올 수도 있으니까요. 우주선을 타고 그 먼 거리를 날아올 정도면
엄청난 과학 기술을 보유한 외계인이겠지요.
가만, 그런 외계인이 우리 동네에 와서 과연 다정하게 대해 줄까요?
한 가지 예를 들어 봅시다. 여러분이 산길을 걷다가 개미집을 발견했을 때,
작은 구멍을 들여다보며 "안녕하세요? 저는 인간이에요.
앞으로 우리 친하게 지내요!"라고 인사를 하나요? 글쎄요.
무시하고 지나가면 다행이고, 심술궂은 사람은 일부러 밟고 지나가기도 합니다.
지구를 방문한 외계인이 이런 끔찍한 일을 벌이지 않는다고 장담할 수 없습니다.
그러니 만일의 사태에 대비하려면 우리도 과학 기술을 꾸준히 발전시켜야겠지요.
외계인은 우리의 상상력을 끝없이 자극하는 신비한 존재지만,
정작 마주쳤을 때 어떤 재앙을 가져올지 알 수 없는 위험한 존재이기도 하답니다.

사람들이 상상하는 외계인의 다양한 모습

글 박병철

연세대학교 물리학과를 졸업하고 한국과학기술원(KAIST)에서 이론물리학 박사 학위를 받았습니다. 30년 가까이 대학에서 학생들을 가르쳤으며 지금은 집필과 번역에 전념하고 있습니다. 어린이 과학동화 《별이 된 라이카》, 《생쥐들의 뉴턴 사수 작전》, 《외계인 에어로, 비행기를 만들다!》를 썼습니다. 2005년 제46회 한국출판문화상, 2016년 제34회 한국과학기술도서상 번역상을 수상했으며, 옮긴 책으로는 《프린키피아》, 《페르마의 마지막 정리》, 《파인만의 물리학 강의》, 《평행우주》, 《신의 입자》, 《슈뢰딩거의 고양이를 찾아서》 등 100여 권이 있습니다.

그림 오승만

프리랜서 일러스트레이터이자 카투니스트입니다. 한국출판미술대전 및 한일 만화공모전 등 여러 공모전에 입상했으며, 머리에 떠오른 재미난 생각들을 스케치하고 색칠하고 오리고 붙이는 것을 좋아합니다. 그린 책으로 《세종대왕의 생각실험실》, 《모닉의 홍차 가게》, 《딸꾹! 크로커 씨가 왔어요》, 《아빠, 같이 놀자!》, 《웃음이 멈추지 않는 몹쓸 병에 걸린 아이》 등이 있습니다.

나의 첫 과학책 20 — 미래 과학

1판 1쇄 발행일 2023년 12월 18일

글 박병철 | **그림** 오승만 | **발행인** 김학원 | **편집** 이주은 | **디자인** 기하늘
저자·독자 서비스 humanist@humanistbooks.com | **용지** 화인페이퍼 | **인쇄** 삼조인쇄 | **제본** 다인바인텍
발행처 휴먼어린이 | **출판등록** 제313-2006-000161호(2006년 7월 31일) | **주소** (03991) 서울시 마포구 동교로23길 76(연남동)
전화 02-335-4422 | **팩스** 02-334-3427 | **홈페이지** www.humanistbooks.com
사진 출처 백 투 더 퓨처 ⓒ Ewen Roberts / Wikimedia Commons / CC BY 2.0

글 ⓒ 박병철, 2023   그림 ⓒ 오승만, 2023
ISBN 978-89-6591-541-6 74400
ISBN 978-89-6591-456-3 74400(세트)

- 이 책은 저작권법에 따라 보호받는 저작물이므로 무단 전재와 무단 복제를 금합니다.
- 이 책의 전부 또는 일부를 이용하려면 반드시 저작권자와 휴먼어린이 출판사의 동의를 받아야 합니다.
- **사용연령 6세 이상** 종이에 베이거나 긁히지 않도록 조심하세요. 책 모서리가 날카로우니 던지거나 떨어뜨리지 마세요.